AF329271

DES PROPRIÉTÉS ET DE L'EMPLOI

DU

PHOSPHATE DE CHAUX

ASSIMILABLE

SEUL OU UNI AU FER

par

M. E. FALIÈRES

A LIBOURNE : chez l'Auteur.

A PARIS : chez MM. CHASSAING, GUÉNON & Cie,
6, avenue Victoria, 6

Toutes les brochures doivent porter la signature ci-dessous :

RÉSUMÉ SOMMAIRE

Phosphate de Chaux assimilable.

Le phosphate de chaux est nécessaire à l'accomplissement des phénomènes vitaux ; quand ce sel vient à faire défaut, la fonction de nutrition est complétement troublée.

Pour des motifs divers, l'organisme se dépouille souvent d'une partie du phosphate de chaux qu'il devrait retenir ; il faut alors contrebalancer cette élimination exagérée.

Grâce à un mode rationnel de préparation, j'ai pu rendre le phosphate de chaux *assimilable*, c'est-à-dire capable de se dissoudre entièrement et de lui-même dans les liquides de l'estomac. Ainsi se trouve supprimée l'intervention fâcheuse des acides dans lesquels on était obligé de dissoudre au préalable le phosphate ordinaire pour assurer son absorption.

Un grand nombre de médecins ont obtenu des effets très-remarquables du *phosphate de chaux assimilable*, toutes les fois qu'il s'est agi de stimuler l'acte chimique de la digestion pour remédier à la disette de phosphate dans l'organisme.

Le phosphate de chaux assimilable se présente sous la forme d'une poudre impalpable, sans saveur appréciable.

Il ne contrarie ou ne gêne aucune autre médication ; il est du petit nombre des remèdes qui, quoique doués d'une grande efficacité, restent en tous cas parfaitement inoffensifs.

Il se prend au moment des repas, délayé dans un peu d'eau, sucrée ou non, de lait, d'eau rougie, de bouillon, de vin de quinquina, de vin de Chassaing, etc.

La dose ordinaire est :

Demi-cuiller-mesure, une fois par jour, pour les enfants naissants ;

Demi-cuiller-mesure, deux fois par jour, pour les enfants de 5 à 6 mois ;

Une cuiller-mesure, deux fois par jour, pour les enfants de 7 à 8 ans et pour les grandes personnes.

Principaux usages thérapeutiques.

GROSSESSE. ALLAITEMENT. SEVRAGE. MALADIES DE L'ENFANCE. — Pendant la grossesse, le fœtus pour se développer emprunte du phosphate de chaux à la propre substance de la mère : de là l'indication de remplacer par un apport direct de phosphate de chaux assimilable une perte, qui est fréquemment la cause des indispositions particulières aux femmes enceintes ou l'origine d'accidents graves. Sous l'influence de ce régime de la mère, l'enfant se forme mieux.

Dans la période d'allaitement, le lait de nourrice, d'habitude si pauvre, s'enrichit et devient apte à faire croître l'enfant en bonne santé.

Les inconvénients de l'allaitement artificiel disparaissent en grande partie, si l'on prend soin de donner à l'enfant une dose journalière de phosphate de chaux assimilable.

De même, les enfants sevrés se développent plus

régulièrement : le travail si important de la dentition est singulièrement favorisé.

La médication phosphatée calcique, pratiquée pendant tout le temps de la croissance, prévient les maladies lymphatiques et scrofuleuses, le rachitisme et les difformités qui en sont la suite.

MALADIES DE POITRINE. — Le phosphate de chaux assimilable relève les fonctions de nutrition ; il modère les sueurs, arrête les diarrhées, et favorise la cicatrisation des ulcérations du poumon.

FRACTURES. MALADIES DES OS. ULCÈRES. RHUMATISMES. — Ici, encore, de nombreuses expériences ont démontré les avantages du *phosphate de chaux assimilable*. La cicatrisation s'opère plus régulièrement et beaucoup plus vite. Pris en même temps que de l'iodure de potassium, il a triomphé souvent des affections rhumatismales les plus rebelles.

AFFECTIONS DES VOIES DIGESTIVES. — Par sa propriété de modifier le fonctionnement et la vitalité des surfaces, le phosphate de chaux assimilable a donné les meilleurs résultats dans les cas de mauvaises digestions, crampes de l'estomac, vomissements, diarrhées, etc.

PRIX DE LA BOITE :

2 fr. 50 c. dans toutes les Pharmacies.

Pour les demandes en gros, s'adresser à

M. E. FALIÈRES, à Libourne (Gironde),

ou à MM. CHASSAING, GUÉNON, et Cie, 6, avenue

Victoria, Paris.

Les deux maisons expédient franco et par retour du courrier contre 2 fr. 50 c. de timbres-poste.

Phosphate de chaux ferrugineux.

Le phosphate de chaux ferrugineux est le plus naturel de tous les ferrugineux, parce qu'il se rapproche de la forme sous laquelle nous absorbons journellement le fer dans les aliments ; son emploi est indiqué dans tous les cas où les ferrugineux sont prescrits.

N'ayant aucune saveur, il est pris sans répugnance par les personnes les plus délicates.

Le fer, uni au phosphate de chaux assimilable, a montré sa puissance dans les formes les plus variées de l'anémie, de la chlorose, chez les convalescents, chez les enfants débiles, et, remarque fort intéressante, dans le diabète et dans l'albuminurie.

La dose ordinaire est de deux-cuillers-mesure par jour, une à chaque repas, dans un peu d'eau, d'eau rougie, de bouillon, de vin de quinquina, de vin de Chassaing, etc.

PRIX DE LA BOITE :
3 francs dans toutes les Pharmacies.
Pour les demandes en gros, s'adresser à
M. E. FALIÈRES, à Libourne (Gironde),
ou à MM. CHASSAING, GUÉNON et Cie, 6, avenue
Victoria, Paris.

Les deux maisons expédient franco et par retour du courrier contre 3 francs de timbres-poste.

N. B. — Il y a lieu de noter que le phosphate de chaux assimilable et le phosphate de chaux ferrugineux constituent une médication reconstituante fort économique.

PHOSPHATE DE CHAUX ASSIMILABLE

Le phosphate de chaux, enlevé au sol par le végétal, fourni par le végétal aux animaux herbivorés, tels que le bœuf, le mouton, etc., se condense dans notre organisme qui le puise dans la chair et dans le sang dont nous nous nourrissons.

Tel est le cycle du phosphate de chaux. Il part du sol pour aboutir à l'homme. Les aliments, comme le pain et la chair musculaire, nous présentent constamment le phosphate de chaux nécessaire à l'accomplissement des phénomènes qui concourent au maintien de la vie.

En étudiant la répartition de cette substance dans la série animale, on reconnaît qu'elle est prédominante chez l'homme dont les os renferment, en moyenne, 52 pour cent de phosphate de chaux ; de plus, le sang, le tissu et les humeurs en renferment encore une quantité notable à l'état de diffusion.

Des recherches persévérantes, effectuées dans ces derniers temps, ont montré clairement que le phosphate de chaux joue un rôle important dans l'accomplissement de la nutrition. Par ses deux composants, il sert à la réparation du système osseux ; par l'acide phosphorique seul, il contribue à la nutrition des nerfs et des centres nerveux.

Sous l'influence de causes variées, l'organisme se dépouille souvent d'une partie du phosphate de chaux qu'il devrait retenir : ce que l'on constate aisément par la grande abondance de ce composé dans les urines. Dès lors, rien n'est plus rationnel que d'administrer du phosphate de chaux pour contrebalancer cette élimination exagérée.

Mais ce sel ne peut être absorbé qu'à la condition de se dissoudre dans les acides de l'estomac.

Dans un travail intitulé : « *Pharmacologie du phosphate de chaux* » (1), et qui a été reproduit ou analysé par la presse médicale et pharmaceutique française et étrangère, j'ai fait voir que ce médicament, tel qu'on le rencontre dans les officines des pharmaciens, ne constitue pas une substance assimilable. A ce sujet, qu'on me permette de citer quelques phrases de mon Mémoire :

« Quand on cherche à se rendre compte de la solubilité du
» phosphate de chaux des pharmacies dans les acides très-éten-
» dus, on constate les plus grandes différences. Divers échantil-
» lons que j'ai en main varient du simple au double » (p. 8).

Les divers modes de préparation du phosphate de chaux offi-
» cinal sont mal ordonnés : ils fournissent des produits défec-
» tueux et souvent sans harmonie avec le nom qu'ils portent.
» Rien n'était plus utile que de trouver un procédé permettant
» d'obtenir, sous la forme pulvérulente, du phosphate qui pût se
» dissoudre entièrement dans les liqueurs acides les plus faibles,
» et par suite dans le suc gastrique. » (p. 4.)

« Le procédé décrit dans ce mémoire permet d'obtenir du
» phosphate de chaux d'une finesse extrême, de composition
» invariable, et d'une solubilité très-voisine de la rigueur théori-
» que. » (p. 38).

Le phosphate de chaux, que je présente avec confiance comme réalisant un progrès pharmaceutique

____

(1) Bordeaux. — Imprimerie Gounouilhou. — 1875. — Brochure in-8°, 40 pages.

entraînant avec lui un progrès thérapeutique, a passé par l'épreuve de nombreuses expérimentations cliniques. Les médecins ont vite compris le parti à tirer d'un médicament pur, qui est absorbé naturellement par le seul jeu des forces digestives, sans avoir besoin d'être dissous, au préalable, dans des acides plus ou moins corrosifs.

Le rôle nettement réparateur du phosphate de chaux assimilable, son action évidente dans le relèvement des fonctions de nutrition l'ont fait employer avec succès dans une foule de cas où il s'agissait d'aider à la reconstitution de l'édifice osseux et de stimuler l'acte chimique de la digestion.

Je me bornerai à indiquer d'une manière générale les principales applications qui ont été faites de la médication phosphatée calcique. Et, tout d'abord, il est ressorti des expériences la preuve que le phosphate de chaux assimilable est du très-petit nombre des remèdes qui, quoique doués d'une incontestable efficacité, n'en jouissent pas moins d'une innocuité complète : il ne contrarie ou ne gêne aucune autre médication. Base de la médecine reconstituante, il supporte toutes les prescriptions auxiliaires qu'on juge à propos de lui adjoindre.

Sauf dans la diarrhée, il doit être administré à petites doses, au moins au début, et dans une faible quantité de liquide (1). De là ressort la nécessité d'in-

(1) On s'explique que, pour obtenir quelque résultat, on dût employer autrefois des quantités considérables de phosphate de chaux, poudre inerte et insoluble, qui cheminait le long du tube digestif sans être absorbé. Avec le phosphate de chaux assimilable, c'est-à-dire soluble, la dose peut être réduite à la quantité strictement nécessaire et sans fatigue pour l'estomac.

gérer le phosphate de chaux au moment des repas. On sait, en effet, que l'estomac n'est pas acide en dehors de la digestion, mais qu'il est très-acide pendant l'accomplissement de cette fonction.

La dose ordinaire est de deux cuillers-mesure par jour pour les grandes personnes (une au principal repas du matin, une au repas du soir).

Le travail de l'accroissement des os étant très-actif chez l'enfant, le besoin d'assimiler du phosphate de chaux est plus grand que chez l'adulte. Aussi supporte-t-il des doses relativement plus fortes. C'est ainsi que dès les premiers jours de la naissance, on donne une demi-mesure par jour; à 5 ou 6 mois, une mesure, et, à partir de 2 ou trois ans, la dose peut devenir la même que pour les grandes personnes.

Le phosphate de chaux assimilable ne communique aucun goût étranger aux aliments. Les enfants et les personnes les plus délicates le prennent avec la plus grande facilité et sans éprouver la répugnance qu'inspirent généralement les sirops, vins ou solutions acides.

On peut le prendre délayé dans un peu d'eau, sucrée ou non, de lait, de bouillie, d'eau vineuse, de bouillon, de vin de quinquina, de vin de Chassaing, etc.

En somme, le phosphate de chaux assimilable, sous la forme de poudre impalpable, constitue le mode d'administration le plus simple, le plus rationnel et en même temps le plus économique, considération qui n'est pas à dédaigner quand il s'agit d'un médicament qui doit être continué longtemps.

Grossesse. — Allaitement. — Sevrage.
Maladies de l'enfance.

Une des premières applications du phosphate de chaux assimilable — la plus importante peut-être, puisqu'elle a pour objet d'améliorer la vie à ses sources mêmes — a consisté à soumettre les femmes enceintes, les nourrices et les enfants, au régime reconstituant dont il est la base.

D'après les analyses des chimistes les plus autorisés, l'alimentation ordinaire ne contient pas suffisamment de phosphate de chaux : c'est là une conséquence de plus en plus fâcheuse des usages de notre société.

Cette insuffisance apparaît surtout dans la grossesse et dans l'allaitement.

Pendant la grossesse, la diminution constante du phosphate de chaux dans les urines montre que le fœtus en emprunte pour son développement à la propre substance de la femme, et, dès lors, qu'il y a lieu de compenser cette déperdition par un apport direct de phosphate de chaux.

Pendant la période de l'allaitement, le lait sécrété ne contient que rarement la quantité de phosphate indispensable au bon développement du nourrisson : de là encore l'indication de fournir à la nourrice une ration journalière de phosphate de chaux assimilable avec lequel elle puisse enrichir son lait, et contrebalancer la dépense par une recette proportionnelle.

Un grand nombre de femmes enceintes ont été soumises à l'usage du phosphate de chaux assimilable (une cuiller-mesure à chaque repas). Sous l'influence de ce régime, les indispositions particulières à l'état de grossesse, et les accidents plus graves des troubles de la digestion, de la perte des forces, de l'amaigrissement, etc., ont disparu ou se sont considérablement améliorés. Toujours, l'enfant s'est bien formé, et il n'y a pas eu un seul cas de mort-né.

A la même dose, le phosphate de chaux assimilable a eu pour résultat d'enrichir le lait de nourrice, d'habitude si pauvre, et de le rendre tel que la nature l'exige pour nourrir et faire croître l'enfant en bonne santé.

Dans les cas d'allaitement artificiel au biberon ou à la bouillie, on a pu constater que les inconvénients de cette forme vicieuse d'alimentation disparaissent en grande partie, si on prend soin de donner tous les jours à l'enfant une petite dose de phosphate de chaux assimilable *(une demi-cuiller-mesure par jour jusqu'à 5 ou 6 mois, une mesure en deux fois à partir de cette époque)*.

De même, les enfants sevrés traversent sans en souffrir le passage difficile de l'aliment primitif à une nourriture plus substantielle : ils se développent plus régulièrement, l'évolution des dents est hâtée et facilitée d'une façon presque immédiate.

Enfin, le phosphate de chaux assimilable est utile pendant tout le temps de la croissance pour éviter le développement vicieux de certains organes, tels que les os longs, les glandes en général, etc., d'où naissent les maladies lymphatiques et scrofuleuses, le rachitisme et les difformités qui en sont la suite. Dans un grand nombre de circonstances, l'emploi à temps de cette médication a enrayé ou fait disparaître des accidents graves contre lesquels l'huile de foie de morue, le sirop anti-scorbutique, de Portal, etc., avaient été essayés sans succès.

C'est ici le cas de rappeler la complète innocuité du phosphate de chaux assimilable qui n'est pas, à proprement parler, un médicament mais bien plutôt un aliment toujours utile. A ce titre, il s'impose, par mesure de prudence élémentaire, à l'hygiène de l'enfance.

Maladies de poitrine.

Les dépérissements produits par les maladies chroniques du poumon sont attribués à l'insuffisance de phosphate de chaux dans l'organisme. Ainsi, on a observé que les chiens ne sont jamais phthisiques ; or, ces animaux ingèrent beaucoup d'os, par conséquent beaucoup de phosphate de chaux.

Il importe donc au plus haut degré d'administrer du phosphate de chaux assimilable pour relever les fonctions de nutrition chez les sujets épuisés par des toux opiniâtres. Pris à la dose de deux à trois mesures par jour, il excite l'appétit, modère les sueurs, arrête les diarrhées chroniques, et il favorise, mieux que tout autre agent, la cicatrisation des ulcérations du poumon.

Tous les médecins ont pu se convaincre de l'efficacité de l'hypophosphite de chaux dans les affections de poitrine. Ce médicament se transformant en phosphate dans l'organisme, il est bien plus rationnel d'administrer le phosphate de chaux assimilable à la place de l'hypophosphite.

Fractures. — Maladies des os. — Ulcères. Rhumatismes.

L'idée de faciliter la consolidation des fractures par le phosphate de chaux est déjà ancienne. Tout imparfait qu'il fût au point de vue de l'assimilabilité, le phosphate de chaux ordinaire favorisait le travail de la cicatrisation des os. L'expérience a confirmé pleinement ces premières données, dès que les médecins ont eu en main du phosphate de chaux soluble dans les liquides de l'estomac. Quelques observations caractéristiques ont mis en lumière l'avantage que présente ce sel, sous la forme assimilable, aussi bien dans les cas de fractures que dans les maladies chroniques du système osseux.

Dans le traitement des ulcères et des plaies suppurantes, le phosphate de chaux assimilable est devenu la base d'une médication interne qui a fourni à plusieurs chirurgiens des résultats remarquables.

Pris en même temps que de l'iodure de potassium, le phosphate de chaux assimilable a triomphé de douleurs rhumatismales contre lesquelles la médication ordinaire s'était trouvée impuissante.

Maladies de l'estomac. — Diarrhée.

Le phosphate de chaux assimilable modifie rapidement le fonctionnement et la vitalité des surfaces au contact desquelles il se trouve. Il en résulte le rétablissement des fonctions digestives, la disparition des maux d'estomac, crampes, vomissements, douleurs d'entrailles, constipation habituelle.

Dans les diarrhées aiguës ou chroniques, on ne doit pas craindre de porter la dose à 6 ou 8 mesures par jour pour les grandes personnes, et à 4 ou 5 pour les enfants. C'est le seul moyen d'obtenir rapidement l'arrêt des accidents.

PHOSPHATE DE CHAUX FERRUGINEUX

Quelques nombreuses qu'elles soient, les préparations ferrugineuses n'ont donné qu'imparfaitement satisfaction au vœu des médecins qui réclamaient un produit facilement assimilable et se rapprochant de la forme sous laquelle nous absorbons journellement le fer dans les aliments.

Le phosphate de chaux ferrugineux réalise cette conception.

Il est certain que le fer se rencontre dans nos aliments à côté du phosphate de chaux : il ne l'est pas moins aujourd'hui que le phosphate de fer existe dans les hématies du sang. Dès lors, quoi de plus naturel que d'administrer le fer sous la forme de phosphate de fer associé au phosphate de chaux assimilable ?

Le phosphate de chaux ferrugineux contribue mieux que toute autre préparation ferrugineuse à la reconstruction des globules rouges, chez les malades soumis d'ailleurs à un régime convenable. Son efficacité s'est affirmée d'une manière très-remarquable dans tous les cas où les ferrugineux en général sont indiqués, dans la chlorose, dans l'anémie, dans les maladies connues sous le nom de pâles couleurs qui s'accompagnent de faiblesse, de langueur, de manque d'appétit, et souvent de douleurs névralgiques.

Chez les jeunes filles en formation, chez les jeunes gens en croissance, chez les femmes en gestation ou chez celles qui nourrissent, on s'est trouvé bien d'alterner le phosphate de chaux ferrugineux avec le phosphate de chaux assimilable.

Dans le diabète et dans l'albuminurie, cette préparation constitue un adjuvant fort utile. Lié à des troubles de la nutrition, l'état grave, appelé albuminurie, exige le relèvement de l'organisme et la modification de la nutrition qui se fait mal. Le phosphate de chaux ferrugineux remplit cette indication. De même, on a vu ce médicament amener la diminution de la quantité de glycose dans les urines des diabétiques, et contre-balancer l'influence pernicieuse des aliments féculents.

La dose ordinaire est de deux mesures rases par jour *(une à chaque principal repas)*.

Le phosphate de chaux ferrugineux se prend délayé dans un peu d'eau, d'eau sucrée, d'eau vineuse, de lait, de bouillon, de vin de quinquina, de vin de Chassaing, etc.

BROMURE DE POTASSIUM FALIÈRES

D'après l'observation de tous les praticiens, le Bromure de Potassium ne peut donner tous les résultats heureux qu'on est en droit d'en attendre qu'à la condition d'être entièrement privé de substances étrangères. Aussi, l'Académie de médecine a-t-elle accueilli, avec la faveur la plus marquée, le procédé nouveau de préparation qui lui a été présenté par M. Falières, et qui fournit un produit irréprochablement pur. Toute la presse médicale et pharmaceutique a reproduit ou analysé le Mémoire qui a valu à son auteur la plus flateuse approbation du premier corps médical de France.

Ainsi s'explique et se légitime la préférence que les médecins les plus distingués accordent au **Bromure de Potassium Falières**, qui est d'ailleurs la préparation la moins coûteuse de toutes celles qui peuvent être prescrites soit sous forme spéciale, soit sous forme d'ordonnance à exécuter dans les pharmacies. En outre des garanties de pureté et, par conséquent, de certitude d'action, le **Bromure Falières** offre, au point de vue de la dépense, un avantage fort apprécié des personnes qui doivent en faire un long usage.

Le **Bromure Falières** est délivré dans des flacons qui contiennent 50 à 60 grammes de médicament pur, sans addition ni mélange : il se présente sous la forme de petits cristaux réguliers. Une cuiller-mesure, qui contient demi-gramme, permet de doser mathématiquement l'agent thérapeutique, et donne au malade la facilité de préparer à chaque fois la solution. On évite ainsi les modifications ou altérations que le sel bromuré du commerce éprouve toujours lorsqu'on le donne sous forme de pilules, dragées ou solution faites à l'avance (1).

On le fait fondre, au moment de le prendre, dans un peu d'eau ordinaire, d'eau sucrée, d'infusion de tilleul ou d'oranger, etc., au gré et à la convenance du malade.

La dose ordinaire est de :

4 Cuillers-mesure (soit 2 grammes) **par jour** *pour les grandes personnes ;* **1 Cuiller-mesure** (soit demi-gramme) **par jour** *pour les enfants.*

Mais ces doses peuvent être considérablement augmentées sur l'avis du médecin.

---

(1) J'ai toujours administré le médicament (Bromure de potassium) en prenant le soin que la potion quotidienne fût préparée chaque jour.

Docteur BULARD
Médecin en chef de l'Asile public des aliénées de Bordeaux.

La haute approbation du premier corps médical de France a immédiatement assuré à ce médicament un emploi très-étendu, que justifient tous les jours des succès avérés.

Comme hypnotique, bon nombre de praticiens le préfèrent souvent aux diverses formes d'opiacés (**morphine, opium, sirop diacode, codeine,** etc.), parce qu'il procure un sommeil paisible, sans rêves désagréables, sans pesanteur de tête au réveil, et parce qu'il n'a pas l'inconvénient, comme l'opium, de congestionner les centres nerveux. À ce titre, il constitue un remède fort efficace, et, à coup sûr, inoffensif à opposer à l'**insomnie.**

Comme anesthésique, il est employé avec succès contre des éléments morbides isolés, tels que la douleur dans les **névralgies,** la **migraine,** le **rhumatisme,** la **phthisie,** la **blennorragie,** etc.

Son action sédative vasculaire le rend propre à effacer les **congestions** de toute nature et légitime son emploi dans les **phlegmasies** et les **fièvres.** Il décongestionne lentement le cerveau et la moelle épinière, et constitue à ce titre un véritable préventif des congestions cérébrales s'annonçant par des pesanteurs de têtes, des étourdissements, de la somnolence après les repas, des hésitations de la marche et de la parole, par la diminution de l'intelligence, etc. Dans certains cas même d'appoplexies anciennes, avec menaces de rechûtes et de ramollissements aigus ou chroniques, le **Bromure FALIÈRES** a eu fréquemment pour résultat de faire disparaître les troubles intellectuels et de rappeler les forces corporelles.

Enfin, mettant à profit sa double action hyposthénisante nerveuse et vasculaire, les médecins prescrivent le **Bromure FALIÈRES** contre les grandes névroses, **épilepsie, hystérie, névrosime, chorée,** et contre les névroses localisées, **disphagie, asthme, coqueluche,** etc.

DÉPOT DANS TOUTES LES PHARMACIES

En adressant 4 francs de timbres-poste de 25 centimes,

à M. FALIÈRES, à Libourne,

ou à MM. CHASSAING, CHARON et Cie, 6, avenue Victoria, Paris,

On recevra franco, par retour du courrier, un flacon de

Bromure FALIÈRES

Bordeaux. — Typ. E. FORASTIÉ, rue Arnaud-Miqueu, 3.

DU MÊME AUTEUR :

1859 — *De la pureté du chloroforme et de son altération spontanée.*

De la Pharmacie en Espagne.

1860 — *De la Pharmacie en Danemarck.*

1861 — *Détermination de la richesse en acide cyanhydrique de l'eau de Laurier cerise à divers instants de sa distillation.*

1862 — *De l'alcoolisation des sirops.*

1863 — *De la conservation des poudres.*

1864 — *Du rôle de l'alcool dans la préparation du sirop d'éther.*

1865 — *De l'épaisseur des écussons magistraux.*

1866 — *Études sur les vins marinés.*

1867 — *De la composition, et de la valeur thérapeutique du suc de coings.*

1868 — *Préparation de l'arseniate de soude par voie humide. — Arseniate potassico-sodique.*

1869 — *Notes pour servir à l'essai du Bromure de Potassium.*

1870 — *De la volatilité du pétrole à travers les pores du bois.*

1871 — *Monographie chimique et pharmaceutique du Bromure de Potassium.*

1872 — *Essai du sous-nitrate de Bismuth. — Pommade citrine.*

1873 — *De la coloration artificielle des vins.*

1874 — *De la valeur des extraits fluides pour sirops.*

1875 — *Pharmacologie de Phosphate de chaux.*
Articles scientifiques, de chimie industrielle et agricole, et de bibliographie.

BORDEAUX. — TYPOGRAPHIE E. FORASTIÉ, RUE ARNAUD-MIQUEU, 3